U0754413

S   O

这么简单，
却那么足够

S   I   M   P   L   E

苏辛 著

B   U   T

○ ○ ○

E   N   O   U   G   H

台海出版社

○ ○ ○

我曾渴望与人分享这生命，
如今满足于独坐窗前，
自饮这杯滋味浓厚的醇酒，
无须向对面举杯，
不等待任何不可知的叩问。

○ ○ ○

○ ○ ○

每一个灵魂也许都有破碎的地方，

难得的是，

用稀薄的智慧将其弥缝起来，

依旧活得坦诚而认真。

那些过往，属于你自己，

若你坚持含血吞下，

其实谁都无权令你吐出。

只想跟你说，坦然承担，

轻松过活，别着急，慢慢来。

○ ○ ○

○ ○ ○

愿你的自我坚固又有微小裂缝，
前者使你在人间特色鲜明，
后者使你还有成长可能。

○ ○ ○

o o o

春天来势汹汹　而我手足无措
只好五体投地　向美臣服

o o o

○　○　○

楼上有人在练习吹笛子。

大部分时间流畅，

偶尔梗在某处，

反复吹某个音符四五遍。

有岁月悠长、春日迟迟之感。

○　○　○

○ ○ ○

杏花疏影里，

吹笛到天明。

仔细想想，

嘴巴疼。

○ ○ ○

○ ○ ○

今天家里阳光明亮清澈，
白杨树枝干银光灿烂，
不可逼视。
喜鹊在树梢哑哑而噪。
春天来了，
人根本坐不住。

○ ○ ○

○ ○ ○

岁月流经人类，

胖人被泡皱，

瘦人被风干，

于是有了皱纹

——那全是在时间中浸淫太久的痕迹。

○ ○ ○

○ ○ ○

少年气是始终还保留着一些天真，

能为最简单的事笑出声来。

意识到成人世界的规则，

却始终未被完全驯化，

守护着干净的那个角落。

成熟是，

毫不委屈地徒手从淤泥中捞出莲花来。

○ ○ ○

○　○　○

你一无所依，
所以一无所惧。
所以当大浪扑来，
你敢乘鲸而起，凝视浪中水滴。

○　○　○

○ ○ ○

人活在世界上，

确实是很孤独的，

而且是个性、

精神层面越丰富的人，

越会感觉孤独。

因为我们接触其他人的时候，

大多数是一个层面。

你并不知道，

那位在商业谈判时咄咄逼人的女性，

在她男友面前是有多么甜美。

而她可能跟这位男友相处和谐，

跟前任却争吵不断。

丰富的人性全靠触发，

而全面的触发却近乎不可能。

○ ○ ○

○ ○ ○

我喜欢你最后告诉我的故事另一面
它让人生终于真实地丰满

○ ○ ○

○ ○ ○

要走过很深很黑的绝望

要路过巨大庞大的幻灭

才又一次发现生命本身的力量

一次次

还是爱你啊

○ ○ ○

○ ○ ○

"你为什么谈起爱情就要谈起死亡？"

"我知道我们的浅薄与短暂，我也知道，我仍要爱你。"

○ ○ ○

　　张岱在《陶庵梦忆》"绍兴琴派"一文里写到他跟王本吾学琴，"王本吾指法圆静，微带油腔。余得其法，练熟还生，以涩勒出之，遂称合作"。意思是说，王本吾琴略有油滑气，而他学会后，故意以带几分生涩之意的手法与王合奏，于是生涩中和了油滑，琴音和谐优雅。

　　大概技艺之一道，到了熟极而流之时，难免堕于油滑，不见真情，如某些歌手飙歌；而若刻意拿捏，一字一句精细雕琢，又难免堕入造作，这种例子就更多了。元好问说"豪华落尽见真淳"，情文互彰，原是难得之事。

○ ○ ○

令人痛苦的往往不是事实，

而是你抵抗（不愿／不能／不想／不甘）接受事实。

一旦真的接受，

最终便会获得平静，

甚至向着愉快转化。

○ ○ ○

○　○　○

人生许多时段，

靠的不是霹雳一声的突变，

而是在做事中，

熬。

○　○　○

○　○　○

想在世界和自己之间，

留很宽很宽的余地。

用来长一些野草，

开一些闲花，

养一点夏天的薄雾，

秋天的浓霜。

自己也好，

牵谁的手一起也好，

在野草上养两只羊，

允许它们长得很瘦，

也不用来吃肉。

这里的冬天很冷，

我把想说的话冻成一串串冰晶风铃，

寄给你挂起来，

风起时你就会听到一片混乱的呢喃

（所以还是听不懂）。

深夜发梦结束，

睡觉。

○　○　○

○　○　○

啤酒这种东西除了太撑之外没有别的缺点。

○　○　○

我极小限度地浪费了这世界

城市的百万台车中，未有我的一辆
我也未在石屎森林的任何一张屋契上落下我的名字
并且，亦不曾牵任何一位异性之手
宣称我对他的占有　然后
悍然把一位陌生的孩子带进这广大世界
不曾摘下看见的蔷薇，哪怕是最美那朵
不曾抢夺他人的麦穗，哪怕在最便利的时刻

最大的浪费都在童年发生
我毫不心悸地杀害过许多昆虫
蚂蚁　蚱蜢　蝴蝶　蜻蜓
如果算上现在，还有许多叠
树木造的纸张和许多支笔
这浪费或是命运所定　或是我的选择
面对一切，我内心清白不惧

这种极小的浪费者
又有名字叫作 loser；
而西方漫起半天红霞的时刻
我这极小的浪费者
竟自觉　通体透明

——— 这么简单 却那么足够 ———

于我而言，

世界的质地一直粗粝难言，

半生与之互相砥砺，

常觉痛得失声。

所以我迷恋世间的温软气息，

喜欢一切温柔的人与物。

而今回眸，

被磨砺处渐渐有光润透出，

始知少年时的话竟是谶语。

生命本是一条椴木，

总需琢磨才见光华。

每一次从没顶的苦痛中踏浪而出，

都算是一次淬炼洗礼。

我还是感激你，命运，

给我这种敏感的心灵，

使我不懈追求而又易于满足。

爱你。

○　○　○

年纪大了

喜欢茶

喜欢兰花

喜欢淡薄口味

喜欢偏枯的美学

发现，自己是个东方人

○　○　○

○ ○ ○

又何需对活着报以痛恨或歌颂

不过行经生命的幻影

感知地火风空　一刹的波动

触手为波光

静定为虚空

而爱你

是空花之中，再放空花

○ ○ ○

○ ○ ○

在离这儿很远的地方

有人正在思念我

而我 不慌不忙地走路，喝水

坐车到更远的地方去

把性命交到一个又一个陌生人手中

山切开云的地方，还不是终点

我知道自己终将回去

寄放在终点的，还有我自己的眼睛

○ ○ ○

○ ○ ○

一枚熟过了的猕猴桃

自己把自己酿成了果酒

在我舌尖上

泛起微带辛辣且紧张的滋味

○ ○ ○

○ ○ ○

我们何必躲避自己的命运?

它虽欢愉殊少,

却独此一份。

○ ○ ○

○ ○ ○

天黑了，

你的光才更明亮。

——致大家。

○ ○ ○

○ ○ ○

命运犹如大地，

无论走到何处，

都在命运之中。

○ ○ ○

○ ○ ○

忽然想起小时候，
一蹦一跳去上学，
书包打在屁股上。
手里端的墨水瓶，
清水养着一枝油菜花。
春天的天空水彩蓝，
流云丝丝缕缕不成团。

○ ○ ○

○ ○ ○

不汲汲于当下，

不恐惧于未来。

不因一次错误就一蹶不振，

不因他人臧否而改变本心。

将每一次受伤视为一次治愈，

永远将生活视为情人，

暗含虽经磨损却质地不变的信任之心。

坦然生活。

早安。

○ ○ ○

○ ○ ○

文字应该是人生的副产品而不是主线。

哪怕对一位世界级的作家说他的一生是为了自己的作品而存在，

都可能是偏狭而无趣的。

活着，比"写着"要宽泛多了。

那些貌似用生命在写作的人如卡夫卡，

其实经受的正是生命本身的熬煎而不是文字的。

○ ○ ○

○　○　○

人应有顺势而为的通达，

更应有无论顺流逆流都不改其心的风骨。

○　○　○

○　○　○

你为自己的原则受苦时，

正是得到它的恩惠时。

○　○　○

○ ○ ○

迟钝是迟钝者的通行证，
敏感是敏感者的墓志铭。

○ ○ ○

○ ○ ○

敏锐和敏感是两回事。

敏锐是理性的，

敏感是感性的。

敏锐是敏于事，

敏感是敏于情。

敏锐可能解决事情，

敏感可能洞明世情。

敏锐的人未必敏感，

敏感的人未必敏锐，

当然，

更大的可能是敏感者敏锐，敏锐者敏感。

有敏字做底，便不容迟钝。

高中时有个同学原名秋菊，

自己改名叫则敏，

这名字改得令人赞叹。

○ ○ ○

○ ○ ○

昨晚下了雨，

今晨天色阴翳不开。

骑车上班，

小区路边美人蕉叶子上滚动着晶莹水珠。

牵牛花、不知名的草也都水气弥漫。

从河边经过，

河面蒸腾出阵阵水雾。

不知为何，

我知道我儿时逼视过草叶上雨珠滚动的姿态，

它的明亮光辉和瞬间坠落，

都曾让我屏息。

如果拿这些乡野回忆换城市孩子的游戏机，

我想我不愿意。

○ ○ ○

○ ○ ○

麝月说他最嫌的是杨树，

那么一点子叶子风一吹却那么喧哗。

但我喜欢大杨树春夏时郁绿一树的样子，

喜欢看风吹翻杨叶露出叶背的银白，

喜欢睡在二楼听杨树在风中沙沙低响像睡在雨中。

○ ○ ○

○ ○ ○

原野上的春日花树，

像一簇簇凝固的烟花。

后来，

熄灭了。

○ ○ ○

○ ○ ○

人对命运的认识像剥到死亡之日才结束的洋葱。

常剥常新，

层出不穷，

至死方休。

○ ○ ○

○　○　○

终有一日你会明白，

你的父母也不过是跟你一样，

要在这世间消磨掉一生的人。

他们不能庇佑你，

也不能左右你。

你的生命从他们而来，

却不能彼此涵盖。

而这本是最自然的事。

○　○　○

○ ○ ○

命运凉薄之时竟会缘悭一面
命运慈悲之处居然久别重逢

○ ○ ○

○　○　○

年长之后，

日子变成一条幽暗的小径，

我是顶着枝丫的驯鹿，

是踏着落叶的独角兽，

从容而去，

走向自己的终点，

但现在我还足够年轻，

所有事物和道路奔腾而来，

而我必将，

展开双臂，满怀迎去。

○　○　○

○ ○ ○

想要早睡的夜晚，

邻居的呼噜打得尤其响亮。

世间事大抵如此。

○ ○ ○

○ ○ ○

渴望拥抱的人独自睡去，

枕藉而卧的情侣各自梦见狮子和蔷薇。

再来一句：

世间事大抵如此。

○ ○ ○

○ ○ ○

从满怀凄楚到真心实意地享受独立自由，

有一段漫长的路。

而人与人之间，凭气息相认，

无须多言。

心沉在深潭之下，

波涛不及。

○ ○ ○

○ ○ ○

天上有半片月亮，

清薄微黄，

像一片橘瓣形状的柠檬糖。

○ ○ ○.

○ ○ ○

以前喜欢一个人，

常常是因为他的某一个小动作、某一个神情，

还有某种性格上的反差与微妙之处。

年纪大一点后，

渐渐失去了这种沉迷于细节的能力，

于是没有了为某人着迷的动力。

这也许意味着自身的进一步完整

——一是不再执着于寻求他者的认同，

二是认识能力的提升导致更倾向于看重大局。

○ ○ ○

○ ○ ○

没有你的地球依然在旋转，

只是转得有点不一样。

你 21 克的灵魂，

轻微的重量却是你全部世界。

在某个时刻，

它的失落是海啸。

○ ○ ○

○ ○ ○

看尽孤独，

而选择成为温暖；

众灯灭尽，

便擎起火炬。

懂得幻灭，

于是对花笑得很甜，

了知无常，

拥抱就格外用力。

○ ○ ○

少年时代读诗，

自然最爱李白，

飞扬跋扈为谁雄，

上可九天揽月，

下可五洋捉鳖，

死也死得浪漫，

月夜骑大鱼而去。

杜工部，

苦兮兮，

虽然也被"大庇天下寒士俱欢颜"的博大感动，

终究觉得缺点意趣。

这几年，

偶尔想到他的几个零碎句子，

反如香菱跟黛玉学诗时所说，

"念在嘴里倒像有几千斤重的一个橄榄"，

百味不尽，

渐渐懂得诗圣的分量。

多么好啊，

那是已经玩过的游戏，

却藏着无穷的层次，

待你解锁一层阅历，

就又绽放一层机关。

这就是经典能带来的体验，

似乎也只能是经典带来的体验。

○ ○ ○

我喜欢过的你

曾先于我到达海底

当我如今活成了你

却又觉得人生可能依然不止于此

罡风吹散了宇宙

记忆　也　已

　七

　　　零

　八

　　　落

然而那注定在暮年护紧胸口的暖灰啊

○ ○ ○

○　○　○

遇见正在落叶的树

爱慕它明亮地飘堕

时刻到了，风来不来，它都会

轻轻地　轻轻地

　　落

　　下

结束生命的力量与开启它的一样优美

于树而言

或者是因为

它萌芽时的哭喊和萎谢时的叹息

我都听不见。

○　○　○

○ ○ ○

心苗难死，

所以一死再死；

人欲难息，

于是反复腾起。

○ ○ ○

○ ○ ○

活着

做一些平凡的小事

走路　看花

吃一口没有吃过的彩色糖果，

把你　镂在心上。

○ ○ ○

○ ○ ○

那是我噙过的一块糖果，

极之甜美，

回味却无限酸楚。

就这样吧，

我尝试一次次暗自道别，

总有一个瞬间，

最后一点火星熄灭，

我再度走进温柔的黑暗，

在那里，

我们不再相识。

○ ○ ○

○ ○ ○

很多时候，

你以为堵在你胸口的是一段感情，

其实，

堵住它的只是一段话，

只是你想而不能去做的一些欲望。

是"未实现"，是执念。

○ ○ ○

○ ○ ○

如果一个人骗了你一次，

就永远不要相信他第二次。

不用犹豫，

就用这么高的要求来对待你身边的人吧。

○ ○ ○

○ ○ ○

不能识草木鸟兽之名，

便觉三千世界拒我于堂室之外。

○ ○ ○

○ ○ ○

谁能用比喻穷尽云的美丽？

它又何必像野兽、宫殿、佛像，

甚至大海，

甚至一场醒不来的梦。

它本应如此无情地美着，

美着，

直到

化为一场雨。

○ ○ ○

○ ○ ○

秋末的阳光是寡言者的拥抱，

你投入其中，

知道了他在爱着你。

○ ○ ○

○ ○ ○

一生中有多少次，

素不相识的人渐渐成为知交，

又有多少次，

曾愿朝夕相对的人变得可有可无。

○ ○ ○

○　○　○

天性孤独的人，

有一万种方法避免相爱。

○　○　○

常觉自己是孤身一人走在世间，

虽然心头牵系的人颇有几个，

甚至我的努力有一半都是为了他们，内心深处却少有

真实的连接感。

我常为他人哭，

也常为他人笑，

但甚少知道有人也曾为我动情。

假如有些人的一生是一条波涛奔腾的河，

则我的一生像是河边的一块石头：

静，定，无转移，无声息。

没有存在感，

因在他人心里并无重要的分量。

亦深知所谓"自身价值不依赖他人而存在"，

但此语并不能改变"不重要"这个事实。

这种感受，

让心理学家去挖，

也许又会追溯到童年去。

其实追溯到哪里又有什么要紧？

一味强调"健康的心理"就可以了吗？

人有将生命视为虚无的自由，

也有看轻所谓生命意义的自由。

要允许某些人就是觉得万事虚妄。

我怯懦，可能是因为，我不信。

○ ○ ○

你像男人的喉结梗在我心中。

直到你点起一盏正常的灯，

我心中的光焰才熄灭了。

○ ○ ○

○ ○ ○

前几天看见一个古人名叫"谷应",
未知他兄长是否叫"山鸣"。

○ ○ ○

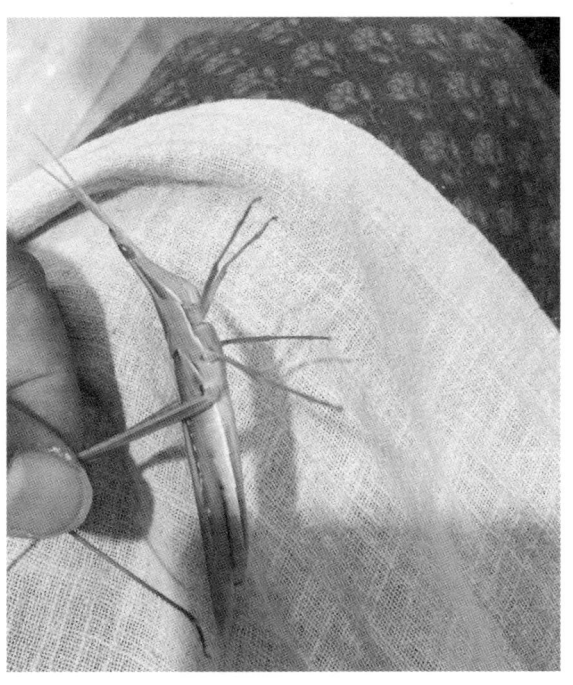

○ ○ ○

前天下午听见附近一只鸟啁啁啾啾嘀嘀哩哩叫了许久，

声音清越明亮，

十分动听。

说只有人类有意识我是不信的，

也许就连电器都有它们交流的方式吧！

○ ○ ○

。 。 。

我们往往忘记自己已得到的东西有多珍贵，

而满怀痛苦去追逐未得到的事物。

。 。 。

○ ○ ○

情不自禁地靠近，
被禁止也不能自已；
细致入微地为对方考虑，
一切只为让对方欢喜，
这才是爱。

○ ○ ○

○ ○ ○

六七年前和朋友在一起，

谈论的内容不过是互相调侃和大笑。

其他人说起买房，

我们报以微笑。

现在见面，

早已不再抱怨工作，

情感事件各自隐去，

亦不探讨未来，

除了说几句房子和股票，

只剩下沉默如水。

○ ○ ○

○ ○ ○

我们是火车腹中的胎儿

依附　晃动

听着巨大的心跳声睡去

火车生下我们的时候却冷漠而不动声色

毕竟　这对她已太过频繁和平常

或者她也已经老去

渴望着最后的休息

而更年轻的火车们不再养育人类

它们是崭新的容器

我们衣冠楚楚走进

又衣冠楚楚走出

○ ○ ○

o o o

值得忧惧的是自身的平庸无法承载企望

令人绝望的是自身不够坚固而不是急着投入

令我日夜焚心的

正是心灵本身

o o o

一条河流在转弯处看见了另一条河

"你往哪里去啊？"

"我流向东海。"

"我也是。"

他们开始谈起风、雨水、云朵，

还谈到他们共同认识的飞鸟——那些鸟儿飞来飞去，

在每条河流里捕食。

有时候他们陷入沉默，

听着对方奔腾时溅起的波涛。

"不用那么愤怒啊，

只是一块石头而已，

流过去就好了。"

一条河想馈赠给另一条河礼物，

然后发现，他们拥有的东西全都一样。

最后，她执意托鸟儿带给他一颗卵石。

也许我们可以交汇为一条更宽广的河流入东海，

也许，流经沙漠时我们都会消失，

也许路途遥远转个弯不再相识，

也许明天醒来，汩汩浪声已在千里之外。

○ ○ ○

医院候诊厅屏幕上常常有很好听的名字，

比如：

程惊涛

王素伶

赵德鸿

郭从坤

李贞国

白小鹰

桂再文

都可以拿来写小说啊！

○ ○ ○

○ ○ ○

成熟得太缓慢了。

但静坐在岁末年尾，

又一次听见内心细微的爆裂之音，

看见旧伤痕长出心枝，

心枝上萌出新芽，

知道人生还有自己确知的幸福，

于是明白了一点成熟的滋味。

敬你，

未来。

○ ○ ○

○ ○ ○

我必璀璨，

因你是夜色沉厚深黑天鹅绒；

我必沉潜，

因你是大地岩层承受每一滴水；

浅薄得不能更浅薄了，

而异常欢喜；

平常得不能更平常了，

而异常满足；

该被剥蚀的都剥蚀过了，

留下本质本身。

捧起你的手如此柔软，

心也是。

○ ○ ○

○ ○ ○

喜欢现在的自己胜于历史上任何时期。

成熟是脱下为了被人喜爱而穿上的层层衣服，

是终于可以对自己说：

对，

你一点也不完美，

可是，你很美。

是可以不再犹疑，

不再掩藏，

不再矫饰，

坦荡荡变得更好。

亲爱的自己，

我爱你。

○　○　○

狭路相逢胖者胜。

特别狭的路相逢瘦者胜。

○　○　○

○ ○ ○

很小剂量的愉快

托着我浮在生活之上。

雨水沿着它滑落下去了。

没有任何一双眼睛值得在此时被想起，

所以轻盈地升起，

投入梦中。

看，

彩虹的起处和落处，

其实都

一　无　所　有。

○ ○ ○

给自己情书：

我毕生所学功课，全是为了更好爱你。

若人真是灵魂投胎而来，那我小时候确实不懂自己

为何选择这具躯壳。

她并不美，甚至不健康。

爱上她，不那么容易。

但三十多年来，我看见你秉持干净灵魂一直前进，

所有你害怕的，你都逾越了；

所有你深爱的，你都付出了；

也许这灵魂来世间时是破碎的，但你融化了碎片，

渐渐让她完整了。

你有这么多天真、好奇、勇气、坦然，

还有这么多可以分给别人的爱，

以及永不停步的活力。

你依旧是不完美，永远也不可能完美，

但你一直是个有血有肉的可爱的人。

如果不爱你，我对不起这么好的你。

以后会更爱你，与你一起向着更美好的地方去。

自由，坚定，勇敢，干脆，坦然。

。 。 。

何以致叩叩

轻叩

白桦木被蛀空了　声音悦耳

人是时间的虫珀

太多了，所以不值得佩戴

四十岁，可以向前半生折一下腰

头颅与脚跟合并圆融

爱生命的人，胸口烧着好大一团孤勇

万载逝水，以此为灯

。 。 。

○ ○ ○

"我这里下雨了。"

那么，录一段雨声给我。
旱季我将打开它，
听你说
淅淅沥沥扑扑簌簌连绵不断
的相思。

○ ○ ○

○ ○ ○

有一群一群成团结体的人，

就该有零散的个体；

有迅猛敏捷的人，

就该有迟疑困顿的人。

在统一体的对面，

必然应该有畸零者：

未必一定是质疑，

也有可能是审视。

做一个零余者——

应该是写作者、思考者的天然职责，

或曰宿命。

○ ○ ○

○　○　○

有健全人格者，
一不可被豢养，
二不可被轻视。
多美妙的幻象，
也不可掩盖事实。

○　○　○

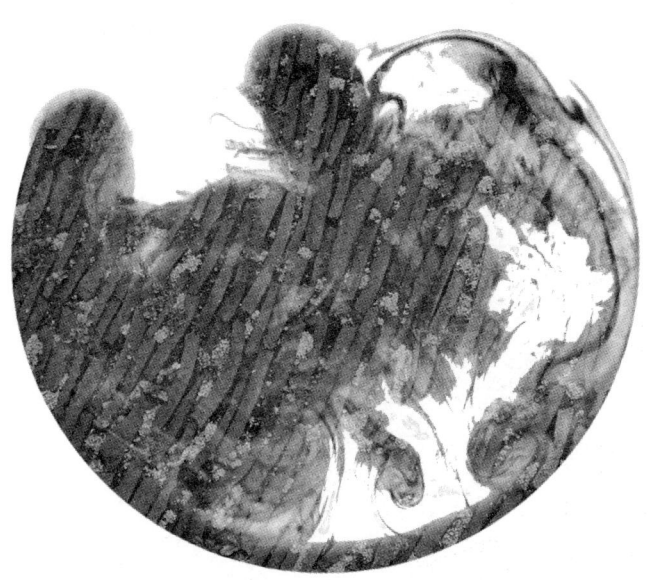

○ ○ ○

庄子妻去世，

庄子鼓盆而歌，

因为通达了生命来去、生死转化的道理。

妻之物故，是复归大道。

少年读之，稍觉惊讶而已。

如今才触及其通透坦然。

○ ○ ○

可怕的不是穷，

而是在生存压力下成为一个逼仄的人，

丧失对诗意和幽默的欣赏能力，

汲汲于物质和"成功"，

就像周云蓬说，

作为一个残疾人，

最大的遗憾是，你不能"坏"。

这个坏，并非品质恶劣，

而是无法流动跳脱，

尤其是在情爱关系上。

你能照常生存，世人便认为你励志了，

偶被人爱，更应感恩。

跳脱？呵呵。

不过，

如原本就是浓墨重彩的人，

不管怎样的命运加之于身，

照样会活出力透纸背的人生。

周老师不必叹，

只要更恣意去活就是了。

今日在绍兴：

1. 从青藤书屋走到沈园的路上在文具店买了五支笔

（可能是个文具狂）；

2. 被绍兴人民找零了一大把硬币

（北京都是纸币，杭州、绍兴都是硬币）；

3. 沈园路边有位大叔卖棕叶编蝴蝶。

这是非物质文化遗产。

图上是他编的其他东西。

听说我从北京来，他摆摆手说：

"我招了个北京来的小伙子做徒弟，他没有学会！"

4. 卖臭豆腐和木莲豆腐的大叔可能不会说话，

一切都以手势和动作来进行。

木莲豆腐我带不走，

很为难地站在摊儿前三鼓作气喝完了。

喝了第一口他示意我再加点小盆里的糖浆或蜂蜜；

5. 沈园里挂满了爱情的小木牌

（不知道术语叫啥）。

嗯，最美的是你们发誓的刹那。

○　○　○

不要把自己看得太重要

但是又要明白

你自己是最重要的

○　○　○

○ ○ ○

只为自己活的话，就活不久远。

不能为自己活的话，就活不下去。

○ ○ ○

○ ○ ○

年轻的时候喜欢那些自由自我到甚至接近自私的灵魂，

迷恋他人流露出的聪慧、敏锐、孩子气。

现在，

更在意一个人纯正的发心，阔朗的胸襟，

在不断调整中接近中道的能力。

至于爱或不爱，

都是历史的尘埃。

○ ○ ○

○　○　○

北京什么好看：

春天的山桃、海棠、丁香；

秋天的白蜡树和太阳。

○　○　○

○ ○ ○

我们都被小时候的教育骗了，

那些看起来最简单普通的幸福，

比如有个温暖家庭、事业一帆风顺，轻易挂在嘴边，

就好像唾手可得。

然而现实绝非如此。

是要非常幸运，

才有这样平凡的幸福。

而我们大多数人，

是要把每一丝甜意都搜剔出来，

时时给自己注射，

才好继续向前。

○ ○ ○

○ ○ ○

有的人，

你以为他是一路勇敢，

其实他不过是，一直都，

没得选。

是命运造就，也算自我成全。

○ ○ ○

○ ○ ○

我们生得一样　野

所以可以分头　去做

疯狂的事　去爱

不可能的人　并走到并没有

计划过的山峰

在对称的台地上

遥遥　相视一笑

善于钟情者　正在我辈

世俗礼法　岂为我辈所设

我不曾为自身纷繁的轻蔑和野心

感觉孤独

在大地之上　我熟识的人中

我知道有着更为丰富的灵魂

在遥远的光年外　微弱共振

○ ○ ○

○ ○ ○

故都的秋，
美得夺目。
白蜡树的黄叶，
金光灿烂，
纯净透亮。

家乡的秋野，
玉米成熟了。
陕西秦岭一带，
山峦之上，
五彩斓斑。

初秋，
大型比美现场。

○ ○ ○

○ ○ ○

填个表，

有个问题是

"说出一个你最对不起的人并简述原因"，

想了半天，

没有。

也许以前应该填"我自己"，

但现在，没有。

值了。

○ ○ ○

o o o

"自我管理"

终生都在和

"自我"作斗争。

人原本就是分裂的，

不是统一完整的。

o o o

○ ○ ○

2012 年在北京南城上班，

周末时常坐 6 开头的公交车回朝阳区找朋友玩。

犹记得某日微雨，

隔离带上月季盘绕，

娇黄嫩红乳白花色交映，

雨珠琳琅，

凉风扑面。

我坐在车窗旁边，

几次想探手攀花，而明知不可得。

虽然如此，

心里却充满了无目的的生之喜悦。

○ ○ ○

○ ○ ○

吃的跟大部分人一样，

穿的跟大部分人一样，

想的跟大部分人一样，

做的跟大部分人一样，

还说什么"独一无二的自我"？

○ ○ ○

○ ○ ○

文艺是一种价值取向，

它可能外化为生活方式，

也可能不。

始终不与乡愿的庸俗媾和，

保持应有的柔软敏感，

持有不改的坚硬乃至脆弱，

不刻意彰显自身的不同，

亦不将自身的独特稀释于平凡中，

哪怕只剩下逼仄的空间，内心也有一角保持纯净与美丽。

或许，

这是我以为的文艺。

○ ○ ○

○ ○ ○

在窗帘挂杆上晾衣服，

一阵大风吹落了一件，

就顺手收了起来。

空的金属晾衣撑挂在上面，

风来时偶尔碰撞，

发出清脆的"叮"的一响。

几乎觉得是儿时的夏天回来了，

只要向窗外一张，

便能看见泡桐叶子的绿影。

○ ○ ○

———— 这么简单 却那么足够 ————

○ ○ ○

你曾将许多人看得特别，

到最后才明白，

特别的是你眼里的光辉。

○ ○ ○

○ ○ ○

张爱玲非常擅长写雾数的关系和感情，
可恰恰因为她把这雾数看得太清楚，
自己便过不了雾数的生活。

人在了解了自己以后，
对所谓命运都会变得心平气和。

○ ○ ○

○ ○ ○

心若是湖，
唯望其深而广。
波纹动荡时，
深处亦是静流。

○ ○ ○

○ ○ ○

因风吹旧洋槐，
桥头红遍蔷薇。

○ ○ ○

○ ○ ○

你从我的生活中滑落
滑进只属于你的生活中去
我们没有意识到
那次挽手走过田野已经是
最后一次见面

也好啊，如果我向你提起
你早已释怀的过往
你会笑我，那是我的执念
不是你的
你也早已让它们自然滑落
如你　滑落我

○ ○ ○

○　○　○

没关系啊

我就要去　你不让我去的地方

你从来没有想过的地方

你说危险的地方

雨水洒下的地方

海浪升起的地方

彩虹的根部

金眼雕落下的雪山上

○　○　○

○ ○ ○

接受当下状态，
顺着大势流动，
未必不是一种实力的证明。
值得庆幸的是，
经过多条交叉的路径，
依然走去想要的地方。

○ ○ ○

○ ○ ○

放弃要强而去承认无能

结束责任而去接受被负担

于强者而言

何尝不是世间炼狱

○ ○ ○

父辈

在战火与战火之间的缝隙里
他们出生
如松果落在坚硬贫瘠的土地
他们已经拼尽全力
将根部扎进更深的土地
探寻水和养分
而结出的果子依旧瘦小紧缩
且被多人分食
最终不剩下什么

在终于伸出了几尺之远的枝干上他们托出我们
于是我们可以安全掉落在稍松软的土地
可以长得略微肥白
笑得稍微大声
离开原野走进城市
可以坐在咖啡厅里
嘲笑他们
或为他们感到卑微和无地自容

他们留在比过去更为贫瘠的土地上

不再劳作，双手空空

在夜晚与母亲面面相觑，继续发生争执

我们在明亮的灯光下逐利

忘记了自己与他们一样

无力决定人生大的幸运或不幸

只是被命运随机抛诸原野，并被他们送了一程

而埋头耕种电脑，甚至不能被阳光晒出结实的黑色

在命运的巨掌之内

他们和我们，序列之差，如此微小

而重叠部分，如此惊人

○　○　○

人的情感烈度随年龄下降。

二十岁，痛苦如硫酸。

三十岁，痛苦是阴天。

○　○　○

致余秀华

不是你的爱过于沉重
是　你的生命太重了
而爱是其中最重的那一部分
咽下去　像尤二姐咽下黄金

毒药是对他人过于殷切的祈望
多数人陷于自身无暇他顾
偶有余力亦不够长久伸手

看向自我的眼光比看向他人
看向天空的　更美

你语音含混，发声吃力
你说，我们爱过又忘记
你说，他的美好年华
应该给比我美好的人

于是，我缓慢地艰难地爱上了你。

○ ○ ○

我的爱只是一个礼物。

它不能改变你的生命，

只是我心的一个投影。

○ ○ ○

○ ○ ○

成长是以某种不可动摇的自信一路挑战惶恐的过程。

愿一直有惶恐而不被惶恐吞没。

○ ○ ○

○ ○ ○

喜欢梦想实现的那一刻，

光芒四射；

喜欢梦想破灭的那一刻，

万物寂灭；

喜欢怀着梦想的漫长时刻，

寸寸煎熬。

○ ○ ○

○ ○ ○

喜欢内心始终温柔的人，

那不是一种坚持，

而是不会改变的品质。

○ ○ ○

○　○　○

人们美化无所事事，

真正渴望的却是酣畅淋漓度过一生。

○　○　○

○ ○ ○

感叹是空泛的，

美的是感受着的每一秒。

○ ○ ○

○ ○ ○

读李白如饮快酒

一口一盅，入喉即醉而狂

读杜甫如饮醇醴

味厚而朴，涩后犹有回甘

读王维如嚼春笋

质鲜而雅，食毕竟欲羽化

○ ○ ○

o o o

旅行的意义可大可小，

至少，

只要用心，

你会看到，

活着的方式绝对不只是你当初的那种。

o o o

○　○　○

在平庸与崩溃之间，
你安全地过完此生。

○　○　○

○ ○ ○

戏里的人容易被爱，

因为观众看得清楚他内心，

看到他如何一路走来，

如何长大，

面对的是何等情势。

生活中，

我们缺乏这份幸运的了解，

所以也难有美好的包涵，

更难有不离不弃的爱。

○ ○ ○

○ ○ ○

臭豆腐不曾饶过我，

我亦不曾饶过臭豆腐（在绍兴）。

○ ○ ○

○ ○ ○

套路之所以能成为套路，

首先是因为它有效，

而它之所以有效，

是因为它跟真诚很多时候难以区分。

○ ○ ○

○ ○ ○

沉静而勇敢，

敏感而果断，

洞察而慈悲。

新一个春天，

可以再次轻盈而一往无前地上路了。

真美好啊。

○ ○ ○

○ ○ ○

绝对地摒弃自怜，

永不玩味伤口，

像永远要一个人生活那样生活。

○ ○ ○

○ ○ ○

傍晚的霞光在厚实的蓝紫色云朵周围镀上金红亮边，

如一朵巨大的月季，

花朵中心溢出阳光。

要记下来，

不然这美丽的瞬间可能会被遗忘。

遗忘是自然的，

只是有点可惜了。

○ ○ ○

○ ○ ○

信念这种东西，

真存在了，

别人能助力帮你达到固然好，

不能的话，

你独自戮力前行也要完成。

不因被簇拥而飘飘然，

不因遇到问题而低沉，

不因被否认而恼怒放弃，

这种东西才算得上是信念吧。

○ ○ ○

一个人治愈自己，

像握着手术刀就病灶反复研究，多侧面下刀。

让你感到痛苦的，

永远是你自身加给自己的观念。

若你渴求被爱，

便会被不被爱所伤，

忘记"真实的不相爱"，

也是一种负责和解脱。

因为用"被爱"来衡量自己的价值，

便觉得自身无足轻重。

人生来肯定不是只为了爱情，

而我一直声称活着是为了完成自我，

做一个有创造力的人。

假设我因不被此人所爱便否决自身价值，

那是我对独特自我的背叛与否决。

另外，需要考虑，

一个人如果一直没有爱情，

如何去完善自身对自己价值的确认。

这样的人不在少数。

以何方式，

不被无爱所伤，

依然圆满健康？

o o o

没有什么人什么事值得你跪着去追求。

放弃是对自己的尊重和成全。

o o o

○ ○ ○

你失去的只是锁链。

每个所得都可成为锁链。

○ ○ ○

○ ○ ○

一个人体内同时住着所有年龄，

就像心里住着所有感情。

○ ○ ○

○ ○ ○

会喜欢有味中的无味，强烈中的平淡，

就像西瓜要吃红白交界的那一层，

橘子可以揭食橘络，

而榴梿壳内，

居然还有糯而无味的膏脂。

○ ○ ○

○ ○ ○

买了宁波的醉蟹腿、醉香螺，

空口吃，

"啊，怎么这样，咸而腥，不好吃！"

于是把它们送给一位来自南方的朋友。

朋友开心坏了，拿它们就"牛二"。

我也喝一口白酒再吃个醉蟹腿，

咦？咸腥退去，鲜味凸显，

一口口停不下来。

看来是打开方式不对。

下酒菜成为下酒菜，

是有道理的！

○ ○ ○

想吃手擀面切成的韭叶宽面条拌面。

先炒鸡蛋，

大火把鸡蛋炒得蓬松金黄，

略老一点，

不要太嫩。

然后，

用蒜片、青蒜炝锅，

放西红柿煸出红汁，

再把鸡蛋放进去，

略加水，

咕嘟起来后撒一把虾皮，

加盐，

出锅前撒一把葱花。

面条清水煮熟，

一窝丝盛好，

带汤扠一大勺番茄鸡蛋盖上，

均匀搅拌，

每一根面条都沾上汤汁。

想吃，

想。

○ ○ ○

不要担心！

夏天偷偷溜走的肉，

冬天会帮你抓回来。

○ ○ ○

○ ○ ○

一个穿雪纺上衣黑色热裤的女孩子，
用穿车钥匙的黑色电线圈
松松拢住了微卷的波浪长发，
举止间带着慵懒的性感。

○ ○ ○

○ ○ ○

通往现实的大路上荆棘密布，

而伸向内心的小径又细蜿幽迷。

○ ○ ○

○ ○ ○

许多看似理所应当的事，

并不那么理所应当吧？

比如　一个人的出生，

一个人的凋落，

一个人的寂寞，

一个人独自坐在屋子里，

想起过去的失去，

和失去了的获得。

○ ○ ○

○　○　○

自由和独立都不是什么嘴上喊喊的事。

实现它们需要经历身心的折磨，

反复熬炼，

克服许多与生俱来的弱点：

软弱，

懒惰，

依赖，

贪婪……

尤其对女性而言，

这条路的开始绝对比被豢养艰难。

○　○　○

○ ○ ○

只有一关关闯过去，
才有资格站在窗前看着万家灯火，
微笑嫣然而坦然。

○ ○ ○

○ ○ ○

我看过月

就是看过你了

你在柴门之后喑哑

我叩了叩门然后站住，隔墙，衣角上

侵来一缕你的秋色

近来，我剥落为近乎透明

他人的目光于此滑跌下去

是种花的那个人自己消失了

还是他本就不存在

也不太重要

因为　豆苗已经长高了

我看了月

就是看了你了

我讲过了自己的事

也就听过了你的事了

月，真温柔

○ ○ ○

—— 这么简单　却那么足够 ——

○ ○ ○

对那些属于时代的情绪，

感受，分析，把握，超越，使用，

是每个行业杰出者在做的事。

而群众没有理性，

群众只有情绪。

○ ○ ○

○ ○ ○

每晚半睡半醒之间，

有思绪如暗鲸在海下潜行。

年少时带我去宇宙深处，

指给我看白骨灭净世界无我的荒凉，

而今堕世愈深，

它呢喃的语音只说不对不对不对，

你为何还不来，

你不该还不来，

你不会真不来。

○ ○ ○

○　○　○

生命就像一条大河，

不因它有时宁静有时疯狂，

而是因为它流经田园、山谷、竹林……

再美的风景也不曾驻足，

只是一径向前　向前流去，

流向死亡的大海。

○　○　○

○ ○ ○

茨维塔耶娃为何死亡

茨维塔耶娃为何死亡
大地盛放不下属于自己的女儿
只好吞下她
她又不能像雅典娜，再次
破颅而出

诗人活过的土地上冰雪积久不化
后来这么多人声称爱她
却解不开她颈间绳索

茨维塔耶娃为何死亡
在遗书中仍对爱念念不忘

○ ○ ○

○ ○ ○

致母亲

爱是有瑕疵的，
却是真实的，
因为付出爱的是有瑕疵的人。
我所接收到的，我已经很满意了，
我们在共同的命运中，
只要相爱，谁是什么角色，
又有什么关系。

○ ○ ○

○ ○ ○

最美的美是参差对照的美，

像柳黄配水红，

像嫩绿配葱白，

像吝啬的人偶尔大方，

像绝情的人偶尔温存，

像木讷的人偶尔浪漫，

像沉默的人其实奔放，

像喧闹的人其实孤独。

我们迷上那些看似不可能的人，

往往是因此。

○ ○ ○

○ ○ ○

人的终极宿命是孤独。

不论独自一人还是身处关系之中。

但似乎只有深切地认识了孤独，

才能更好地去爱。

○ ○ ○

○　○　○

我们都是大地上的遗落者
是树干每年抖落的叶片
是迷失在鲸鱼腹内的鱼群
是给李白供过雕胡饭的农妇
是模糊中最小的一个点
是混沌中最轻的一个粒子
是背景中可以丢掉的一个色素

诗人写过你你的名字依然是"no one"
家画过你你的面貌依然是"何人斯"

做一个遗落者又有什么不好
这宇宙反正最后要一起朽掉

○　○　○

○ ○ ○

以努力熬过那段到处都是坑的时光，

接下来便会发现，

到处都是路。

要点是，

熬的时候，

你从未停下脚步。

○ ○ ○

一切标点符号都有其节奏和情感，

尤其是节奏。

大致来说，

逗号和句号几乎已足够一篇平常文章所需，

动用其他标点是很重要的事。

顿号节奏太快，

有失风度，

能不用则不用。

感叹号是一杆红缨枪，

非有人命关天的大事，

不要请它出来。

省略号欲言又止，

时而羞涩时而幽怨时而神秘，

戏剧性也强，

宜少登台。

双引号是一个麦克风，

字字句句清清楚楚都在耳边，

所以许多作家写对话也不用它，

以营造距离感。

看见乱用的标点符号，

比看见错别字、病句还糟心。

○　○　○

天气清明。

风，

光，

芽，

花。

心温柔而流荡。

如有翼，

当翩飞。

○　○　○

○　○　○

我们为梵高的生平感叹，

却常常低估身边人的才气和勇敢。

如有可能，

别做那种无动于衷的人。

○　○　○

○ ○ ○

喜欢大北京的雨季。

爽快，

利落，

说下就下，

雨量丰沛。

其实也喜欢春季，

山桃花、海棠花、丁香花，

明艳而不失大气。

还更喜欢秋天。

故都的秋那种湛蓝悠远之味，

此时亦未全失。

如果不是霾太深重，

其实冬天也可喜的。

细想想，

自然总是可爱的。

可厌的是人而已。

○ ○ ○

○ ○ ○

给你起了最多绰号的那个人，

一定是最爱你的。

不然，

他不会费尽心思

想用那么多千姿百态的词来形容你。

○ ○ ○

○ ○ ○

出租车暖气太热，

打开了一点车窗。

等红灯时，凝视窗外，

发现热空气流动，

引起路边悬铃木图像的轻微变形。

○ ○ ○

○ ○ ○

软弱过的刚强会格外柔韧，

折断过的骨头愈合后会尤其粗壮，

吃完涩橄榄喝口白水都是甜的。

你以为自己在追求圆满的幸福，

其实下意识不过想要跌下去又涌起来的小小起伏，

冷完了，来一点微暖。

○ ○ ○

○ ○ ○

在寒风的冰河中逆流而上，

任冻透了大脑却庆幸护住了心头微暖的你。

写得一手好情诗却无处投递，

雪橇犬。

○ ○ ○

○ ○ ○

别人说我是逗比我不承认，

直到我被自己逗得呵呵呵呵笑了起来。

○ ○ ○

○　○　○

一夜秋雨，
满地落叶，
黄叶树树，
空气清冷。

傍晚天几乎放晴，
淡薄的阳光从云缝倾出，
如白鸟的宽大的左翼。

○　○　○

○ ○ ○

昨晚买了干荷叶和玫瑰花，

今早泡了玫瑰茶，

花香浓郁，

味道很好，

于是很开心。

物质很多时候可以带来简单的快乐。

而我最喜欢的，

是买了东西以后期待着启用的那种心情。

○ ○ ○

○ ○ ○

如果你遇见一个人，

他有你所惊异的顽强、平静、淡定，

请相信，

在你看不见的黑暗荒原上，

他和命运有过多次搏击，

他并不是一直赢，

只是没有倒下。

○ ○ ○

男人这种生物，多数习于男权社会而不自觉。习惯性觉得自己天然正确，强调理性轻视感性，认为"温柔"是他人对自己的体贴服从（而我认为温柔是对万物和他人的理解与温和对待）。要非常自觉，这个性别中的一部分人才能放弃那种不觉间碾压另一性别的态度，也要非常自觉，女性才能在表达自己主张时明确而又不过于亢强（矫枉过正）。两个性别之间的关系绝非敌对的，可也绝非是一片和谐。

我喜欢那种自我意识明确却不带性别偏见的人。男人不以为"我是个男人所以理应如何如何厉害、被服从"，女人不以为"我是个女人所以理该某某岁前就结婚所以不应该追求事业，所以我被轻视应该更显著地抵抗"。爱某个人，细致关心他，应是出于爱而不是出于服从。做某项事业臻于巅峰成为领袖，应是女人亦可全心投入宛如游戏的权利，而非向男人证明女性的能力（当然证明能力会是附加结果，这种证明也许有助于更多女性得到机会）。

"自觉"这个词，可不是小学上课不做小动作那么简单。佛是"自觉觉他"故而为佛，大约真的做到了"自觉"，也就是小乘境界的罗汉，堪称"自了汉"了。啰唆一大篇，中心就一句话，我所认可的男人的温柔，不是天冷时男人为女人披一件衫，而是你认真听你爱人说完想说的话，不带任何偏见地回应或与之讨论。好好说话，就是好好相爱。

○ ○ ○

所谓升华，

全是一度度温度累积而来。

拔苗助长伤根，

隐而不发伤神。

自然而然，

反而顺畅。

○ ○ ○

○ ○ ○

你说你忘记了
我们告别的那个夜晚月色昏暗
而我确信，你永远不
知道，我想着你的笑容在大雨中
走过多远的路

如果理解一定是枝节与枝节都
凸凹相嵌
那拥抱之时，也必然全是误解的分叉

释迦拈花，迦叶破颜
模糊的笑容中，一切被说尽

通往爱的都是歧路
却全部一一到达

那个夜晚的月光和铃声
被一个人记住，就是永生

○ ○ ○

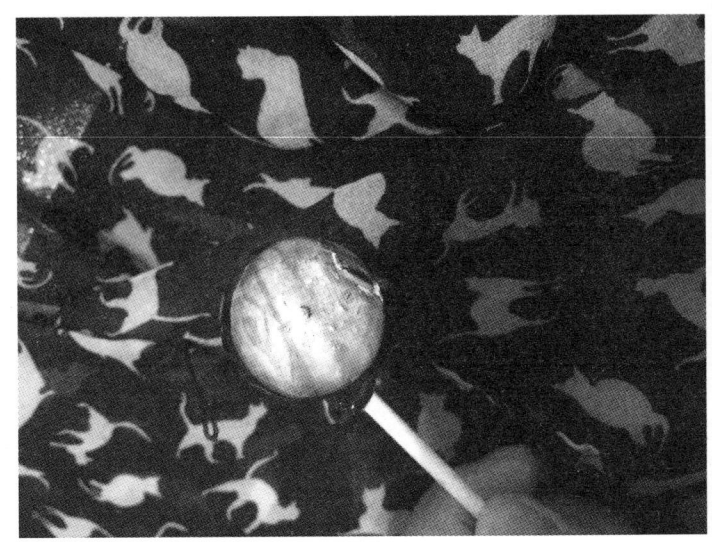

○ ○ ○

一个穿蓝色运动服看上去七岁左右的小男孩，

耐心地扶着一位踩着滑板却不敢滑，

完全靠他推着走的小姑娘。

姑娘六岁左右，

披长发，

穿粉红色上衣、白色短裙。

小男孩清秀带英气，

小姑娘清秀漂亮。

被甜到啦。

○ ○ ○

○　○　○

一生写过最美的文字，

不是情书，

而是情诗。

情诗是提纯了的情感晶体，

是我灵魂中最美、最无私的那一部分在低诉，

是一刹那间来自爱却不止囿于爱的跳跃。

真想再写上一首，

哪怕只是一首。

○　○　○

○ ○ ○

细柳把天空描得很细

让我想起当年教室熄灯后

掌起白色蜡烛来

焰光飘忽

我想着你　却又无话可说

于是低下头

细细地　抄了一首歌词

○ ○ ○

o o o

二十多岁读了一些书，

觉得之前家族和自身活得是错的；

三十多岁走过几步路，

忽然又觉得许多书里的话唠唠叨叨也是错的。

生命原本简洁，

活着也可以简练。

o o o

○　○　○

没有拥有过的东西，
很难去超越它。
但匮乏与过量一样，
都是面对它的机会。
愿你成功。

○　○　○

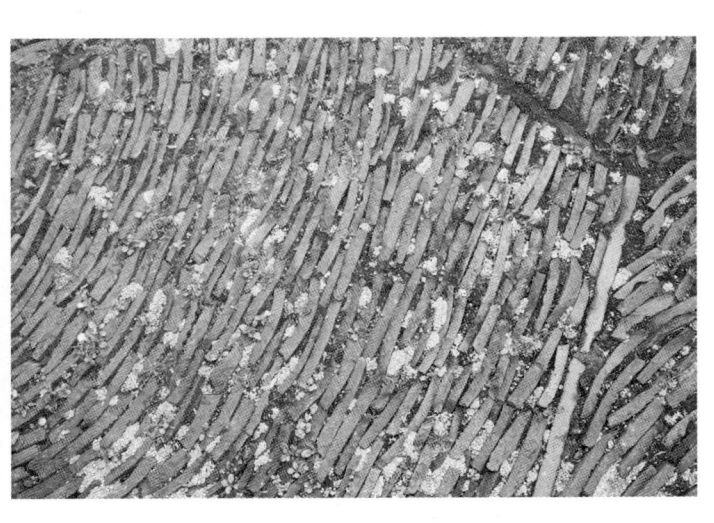

○ ○ ○

最近晚上的月亮，

都温柔得不像话。

想起"月胧明""月朦胧，鸟朦胧，帘卷海棠红"什么的。

三月的月不可轻视。

晚安。

○ ○ ○

○ ○ ○

你不必寻找未来，
未来自会到来。

○ ○ ○

○ ○ ○

人们理论上知道世界对弱者的不公平，

却很少有人意识到对强者的不公平，

尤其是亲友们对强者的不公平。

因为此人强，

所以就习惯性地对其索取，

物质或精神上，

而并不对应付出理解。

码上加码，

强弱之间不但不能获得协调，

反而各自为政。

呵呵。

○ ○ ○

○ ○ ○

请允我以惆怅

允我以唐初的夕阳

请允我以夏日午后的蝉鸣

允我以无意义望着屋顶的呢喃

请允我以不珍惜的心浪费这一生

允我以不说话的爱情

○ ○ ○

今年很喜欢青金石。刚才在网上搜了一堆青金石制品来看，并没有下手买，只是考虑了一下送人做生日礼物的可能性。关掉网页时忽然悟到这可能一直是我对自己喜欢的人与事的做法：观望，欣赏，喜欢，但很少要去占有。

对我来说，人生中有趣的部分一直是别人觉得不重要的：我中意青金石的色彩和金星，却并不觉得因此便非要在手里把玩。它对我的意义，更接近于世界上有这么一种好看的东西也就够了，不生贪爱，不涉攫取。

如果可以任由我过随心所欲的生活，那我大概一直会是在田野里捧着一丛野花大笑的傻丫头，除了爱慕自然，便是爱慕可爱的男人。充满热情地画画，搞泥塑……痴望着他的侧脸……这样的生活于我来说，似乎已经可以满足。

这几年，为着肩上所负的责任，活得愈发入世而认真。那份认真的源头，不是贪爱，只是爱。可我是不是夸大了自己的作用呢？人心永远都有缺口，我再努力可能也填不上。而我想过的生活，在今年的奔劳过后，会来到吗？

○ ○ ○

有多少吨雪花扑向地面
而它竟轻轻地接受了。

○ ○ ○

○　○　○

过于纤细敏感的人不适于生存，
因为每一日都是划痕。

○　○　○

○ ○ ○

晨起开窗关门而去，
夜归满室雨气市声。

○ ○ ○

○ ○ ○

雨声

像一群人疾走

却沉默着

只有足音

○ ○ ○

○ ○ ○

雨不紧不慢，

我打开门，

凉气森森而来。

当天地间充溢着雨声，

一切如此安静。

我静静等待，

希望心里悄悄开一朵红色的花。

○ ○ ○

○ ○ ○

那时候说起我们的梦，
好友说他至今还会梦到在天上飞。
那是赤子才会做的梦，
我上一次在梦里飞的时候才十几岁。

如今我常梦见行路艰难，
于是知道自己俗障日深，
于是知道之前我们互相娇惯着不长大的迷梦，
在四散后已经破碎。

你还梦见在天空飞行吗，
亲爱的彼得·潘？

○ ○ ○

○ ○ ○

年少之爱，

锐利，

鲜艳，

易折却又苦求。

中年之爱，

模糊，

温和，

得失心已失。

○ ○ ○

○　○　○

有趣的不是食物落入胃袋，

而是牙齿切进肌体，

汁液在味蕾上铺开；

不是你大笑时对我露出的雪白牙齿，

而是你眼角游出的细纹；

不是雨后挂起的那道彩虹，

而是雨云在天空聚合流动的过程。

是调和颜色反复失败，

是想要吻你　又停下看你的眼睛。

○　○　○

○ ○ ○

不分情况的直给是一种智性和情感上的懒惰。
因为不愿也不信自己能了解对方的喜恶、志趣，
所以用简单的"对你好"来让对方屈服。

○ ○ ○

○ ○ ○

北方人说话，

干脆利落，

字与字之间没有情意联结，

大部分时间好像只是要把字义说出来就好了。

南方人说话，

字和字之间总像牵丝扯蔓，

别有幽愁暗恨生一样。

所以吴侬软语最醉人。

○ ○ ○

○　○　○

有些事情，

是否我们已经遗忘；

有些狂欢，

渐渐走向终场。

梨花落后留下果实，

狂热过后是否变得隽永？

任何事物死亡时都是一场又咸又甜的艳遇，

死亡滋味若如此酷烈，

那我们还是长久活着好了，

不做腊鱼，

不做蜜饯。

○　○　○

○ ○ ○

做有意思的事儿，

成为有意思的人，

认识有意思的人，

接着做更有意思的事儿。

人生虽虚空，

怎奈我打定主意要以身外身换梦中梦。

空花极美，

有心者见。

么么哒。

○ ○ ○

○ ○ ○

活到如今，

对爱情的看法不断变化，

从年少时的"人生的主题"变成如今的"生命的馈赠"，

重要性不断下移，

而美好程度却在攀升。

爱，

可以是更广大、更自由的事，

一个灵魂与另一个灵魂的共振。

而婚姻，

则是大家上了同一辆车，

系好安全带，

一起穿越漫长旅途。

学习跟另一个人在一个封闭空间里朝夕相处，

总要花费时间，

付出智慧。

总之，

还是祝大家婚姻里有爱，

爱里有幸福。

○ ○ ○

○ ○ ○

风吹起白纸片，
远望去也像粉蝶。

○ ○ ○

○　○　○

那些看似困顿的、拘束了你让你无他事可做，

只能向内追索自己的心，

以及阅读、思考的时光，

是为未来提供源泉的仓库。

就像被困在崖下的张无忌，

独臂守护在山间的杨过，

坠崖未死的白秋霜……

困守，

绝不只是一种压制，

更多的是一种积蓄。

隔绝自有其意义。

○　○　○

○ ○ ○

读《红楼梦》和《金瓶梅》，

常觉这是两匹天锦，

不知线头从何而起，

花纹如何交织而成，

但觉细密灿烂，

目眩神迷而已。

○ ○ ○

○ ○ ○

你想起我的时候

是不是走进森林

看见了面包屑撒出的小径

而鸟儿，啄走了余下的线索

你想起我的时候

是不是雨天看着蓦然浑浊的粗大河流

于是不打伞狂走十里

天晴后却遗落了那些水的信息

你想起我的时候

我一定在想你

因为你的想起

不过是我想念的子集

○ ○ ○

———— 这么简单 却那么足够 ————

○　○　○

心灵自身就是一股流泉，
纵有落花污水沾染，
也终会涤荡自净。

○　○　○

○ ○ ○

有些梦在时光中破碎

有些梦在颠簸中重塑

不以当年澄澈脆弱如玻璃为耻

亦不以今日柔韧顽强如橡皮而荣

时日迅捷，心流瞬变

而心性顽固难以驯服

生命这坛酒

我还没酿完

你不要贪杯

○ ○ ○

○ ○ ○

年轻时懂得百无禁忌，

成熟后了解心存敬畏，

最终不拘形骸，

是我所愿。

○ ○ ○

○　○　○

一个人只该为自己的幸福负责，

其他人幸福与否，

你就算十二万分地想负责，

也负责不来。

让上帝的归上帝，

恺撒的归恺撒，

你自己的，

归你自己。

○　○　○

○　○　○

何必妄谈境界，

境界自一件件小事来，

自说出口的一个个字来。

（自勉）

○　○　○

○ ○ ○

晚安，

别游进谁的梦中。

○ ○ ○

图书在版编目（CIP）数据

这么简单，却那么足够 / 苏辛著 . — 北京 : 台海出版社，2018.9

ISBN 978-7-5168-2056-8

Ⅰ . ①这… Ⅱ . ①苏… Ⅲ . ①人生哲学－通俗读物 Ⅳ . ① B821-49

中国版本图书馆 CIP 数据核字（2018）第 186912 号

这么简单，却那么足够

著　者：苏　辛

责任编辑：徐　玥　曹文静　　　装帧设计：仙　境

责任印制：蔡　旭

出版发行：台海出版社

地　址：北京市东城区景山东街 20 号　　邮政编码：100009

电　话：010 － 64041652（发行，邮购）

传　真：010 － 84045799（总编室）

网　址：www.taimeng.org.cn/thcbs/default.htm

E-mail：thcbs@126.com

经　销：全国各地新华书店

印　刷：玉田县昊达印刷有限公司

本书如有破损、缺页、装订错误，请与本社联系调换

开　本：787mm×1092mm　　　　1/32

字　数：100 千字　　　　　　印　张：11

版　次：2018 年 10 月第 1 版　　印　次：2018 年 10 月第 1 次印刷

书　号：ISBN 978-7-5168-2056-8

定　价：58.00 元